FORSCHUNGSBERICHTE DES LANDES NORDRHEIN-WESTFALEN

Nr. 1413

Herausgegeben

im Auftrage des Ministerpräsidenten Dr. Franz Meyers

von Staatssekretär Professor Dr. h. c. Dr. E. h. Leo Brandt

DK 669.586.5:669.1

Dr. rer. nat. Dietrich Horstmann

Dipl.-Ing. Ulrich Krause

Max-Planck-Institut für Eisenforschung
und Gemeinschaftsausschuß Verzinken Düsseldorf

Einfluß von Oberflächenrauheit und Glühbehandlung auf die Güte verzinkter Bleche

WESTDEUTSCHER VERLAG · KÖLN UND OPLADEN 1964

ISBN 978-3-663-06273-8 ISBN 978-3-663-07186-0 (eBook)
DOI 10.1007/978-3-663-07186-0

Verlags-Nr. 011413

Gesamtherstellung: Westdeutscher Verlag

Der ständig zunehmende Anteil kaltgewalzter Bleche an der gesamten Feinblechherstellung hat dazu geführt, daß diese Bleche in immer stärkerem Maße auch für Verzinkungszwecke verwendet werden. Dabei sollen gelegentlich Schwierigkeiten dadurch auftreten, daß der Zinküberzug fehlerhaft ist oder schlecht am Eisen haftet und bei einer Umformung abplatzt. Diese Erscheinungen werden teils darauf zurückgeführt, daß an der Oberfläche kaltgewalzter Bleche eine stark verformte Schicht vorhanden sein soll[1], zum Teil sollen sie aber auch dadurch hervorgerufen werden, daß diese Bleche wesentlich glatter als warmgewalzte sind[2] und daß auf ihrer Oberfläche manchmal Glührückstände von Emulsionsfetten vorhanden sind. Da über die Ursache dieser Erscheinungen bis jetzt jedoch nur wenig bekannt ist und über den Einfluß der Oberflächenrauheit und der Glühbehandlung kaltgewalzter Bleche noch keine Untersuchungen vorliegen, erschien es angebracht, die Wirkung dieser beiden Einflußgrößen auf die Güte der Verzinkung näher zu bestimmen.

Für die Untersuchung wurde kaltgewalztes Breitband, Gruppe V, DIN 1623, aus unberuhigtem verbessertem Thomasstahl mit niedrigem Kohlenstoffgehalt verwendet. Nach dem Kaltwalzen wurden diese Bänder geteilt und ein Teil normalgeglüht, ein anderer elektrolytisch gereinigt und rekristallisierend geglüht und der letzte ohne vorausgegangene Reinigung rekristallisierend geglüht. Die rekristallisierend geglühten Bandteile wurden dann mit Walzen verschiedener Oberflächenrauheit dressiert. Aus diesen so vorbehandelten Bändern wurden dann Bleche von 2 m Länge geschnitten, die in drei Werken A, B und C nach dem Trockenverzinkungsverfahren in mit Aluminium legierten Zinkbädern verzinkt wurden, da anzunehmen war, daß bei diesem Verzinkungsverfahren leichter Unterschiede im Verhalten der Bleche festzustellen sein würden als bei der unempfindlicheren Naßverzinkung.

Vor dem Verzinken wurden die Bleche in verdünnter Salzsäure etwa 1:1 gebeizt. Die Beizzeit betrug bei den verzunderten normalgeglühten Blechen in allen drei Werken etwa eine halbe Stunde. Die zunderfreien rekristallisierend geglühten Bleche wurden in den Werken A und C nur etwa 5 min lang gebeizt, im Werk B absichtlich zusammen mit den normalgeglühten ebenfalls eine halbe Stunde und einzelne Blechtafeln einiger Güten sogar etwa eine Stunde, um festzustellen, wie sich eine längere Säureeinwirkung auf die Güte der Verzinkung auswirkt. Nach dem Beizen wurde eine Flußmittellösung auf die Bleche aufgetragen und in Durchlauföfen aufgetrocknet. Unmittelbar daran anschließend erfolgte das Verzinken.

[1] H. Bablik: Mitt. Forschungsges. Blechverarbeitung (1951), Nr. 18, S. 217–221.
[2] W. Püngel und R. Stenkhoff: Stahl u. Eisen 64 (1944), S. 720–725.

Die Zinktemperaturen lagen bei 435 $\pm$ 10° C. Die Temperatur im Werk A lag dabei an der unteren Grenze, die des Werkes B an der oberen Grenze und die des Werkes C etwa in der Mitte dieses Bereiches. Der Aluminiumgehalt der Zinkschmelze betrug im Werk A 0,06%, im Werk B 0,11% und im Werk C 0,07%. Die Gehalte an den übrigen Begleitelementen lagen in dem bei der Blechverzinkung üblichen Rahmen; nur im Werk C war der Eisengehalt etwas höher als in den Zinkbädern der anderen beiden Werke. Die Ausziehgeschwindigkeit der Bleche aus dem Zinkbad wurde absichtlich so gewählt, daß die Zinkauflage im Werk A etwa 550 g/m^2, im Werk B etwa 350 g/m^2 und im Werk C etwa 400 g/m^2 doppelseitig betrug.

Die Oberflächenrauheit wird nach DIN 4760 durch die Rauhtiefe R, die Glättungstiefe G und durch den arithmetischen Mittenrauhwert R_a gekennzeichnet. Zur Messung dieser Oberflächenkenngrößen wurde bei dieser Untersuchung das nach dem Tastschnittverfahren arbeitende Oberflächenmeßgerät Perth-O-Meter S 1 benutzt, wobei diese Kenngrößen als Festhaltewert an der elektrischen Anzeige des Gerätes abgelesen wurden. Dieses Gerät tastet die Oberfläche mit einem Pendeltaster (T 25) längs eines Tastweges von 5 mm ab; der elektrischen Anzeige liegt dabei die Bezugsstrecke $S_b = 3{,}8$ mm zugrunde. R, G und R_a wurden längs desselben Tastweges ermittelt. Die Rauhtiefe R wurde mit einem Wellenglätter von 2,5 mm, die Glättungstiefe G und der arithmetische Mittenrauwert R_a mit einem Wellenglätter von 0,75 mm bestimmt. Für die Messungen wurden in jedem Werk von allen Blechgüten je zwei unverzinkte und verzinkte Streifen entnommen, die an jeweils zehn beliebig verteilten Stellen quer zur Walzrichtung abgetastet wurden. Die verzunderten normalgeglühten und die verzinkten Bleche wurden vor der Messung zur Freilegung der Eisenoberfläche in Salzsäure mit Antimontrioxyd als Sparbeizzusatz vorsichtig abgebeizt. Die Oberflächenrauheit der einzelnen Blechgüten wurde mit den aus diesen 20 Messungen gewonnenen Mittelwerten $\overline{R}$, $\overline{G}$ und $\overline{R}_a$ festgelegt. Außerdem wurden aus den an jeder Blechgüte im unverzinkten Zustand durchgeführten 60 Einzelmessungen Häufigkeitskurven für R, G und R_a gezeichnet. Um den Aufbau der Oberfläche aufzuzeigen, wurde zusätzlich von jedem Blechabschnitt bei ausgeschaltetem Wellenglätter ein Profilschrieb der wahren Oberfläche bei 1000facher Vergrößerung in y- und bei 40facher Vergrößerung in x-Richtung aufgezeichnet.

Zur Bestimmung der Zinkauflage wurden aus zwei Blechen jeder Güte je zehn Proben von 10×10 cm^2 über die gesamte Blechbreite entnommen. An diesen Proben wurde die Zinkauflage aus dem Gewichtsunterschied vor und nach dem Abbeizen des Überzuges in Salzsäure mit Antimontrioxyd als Sparbeizzusatz ermittelt und aus den gefundenen Einzelwerten die mittlere Zinkauflage der Bleche errechnet.

Die Haftfestigkeit des Zinküberzuges wurde durch Falzproben und Erichsenprüfungen ermittelt. Die Falzproben wurden in ähnlicher Weise wie die Wickelproben zur Bestimmung der Haftfestigkeit von Zinküberzügen auf Drähten[3,4]

[3] D. Horstmann: Stahl u. Eisen 78 (1958), S. 1456–1462.
[4] D. Horstmann: Stahl u. Eisen 79 (1959), S. 1002–1005.

nach ihrem Aussehen *in fünf verschiedene Gruppen eingeteilt.* Dabei wurde auch ein nach dem Falzen noch glatter Überzug als Gruppe 4, ein leicht rauher Überzug als Gruppe 3, ein Zinküberzug mit leichten Rissen als Gruppe 2, ein Überzug mit starken Rissen als Gruppe 1 und ein Zinküberzug, der abblättert, als Gruppe 0 beurteilt (Abb. 1). Bei der Erichsenprüfung wurden die Proben zunächst bis zum deutlich sichtbaren Aufreißen oder Abblättern des Zinküberzuges und dann weiter bis zum Bruch des Bleches gezogen und das Verhältnis beider Werte als Maß für die Haftfestigkeit des Zinküberzuges gebildet. Außerdem wurde das Aussehen der Erichseneindrücke in ähnlicher Art wie das der Falzproben beurteilt.

Zur Untersuchung des Aufbaues des Zinküberzuges wurden von Blechproben Schliffe hergestellt, die zur Sichtbarmachung des Gefüges mit einem Ätzmittel nach D. H. ROWLAND[5], bestehend aus einer Lösung von 4 bis 5 Tropfen konzentrierter Salpetersäure in 50 ml Amylalkohol, geätzt wurden.

In Tab. 1 sind die Glühbehandlungen und die Rauhheitskennzahlen der Bleche vor dem Verzinken und nach dem Abbeizen des Zinküberzuges zusammengestellt. Man sieht, daß die aus 20 Einzelmessungen gewonnenen Mittelwerte von R, G und R_a der aus dem gleichen Band geschnittenen Bleche in einem gewissen Bereich schwanken, der dadurch bedingt ist, daß die Messungen an verschiedenen Stellen des Bandes durchgeführt wurden. Die Werte zeigen, daß die normalgeglühten Bleche mit mittleren Rautiefen $\overline{R}$ von 1,7 bis 4,2 μm, mittleren Glättungstiefen $\overline{G}$ von 0,47 bis 1,51 μm und mittleren arithmetischen Mittenrauhwerten $\overline{R}_a$ von 0,20 bis 0,64 μm am glattesten sind, was darauf zurückzuführen ist, daß diese Bleche nach dem Glühen nicht mehr mit aufgerauhten Walzen dressiert wurden. Bei den elektrolytisch gereinigten rekristallisierend geglühten Blechen liegt $\overline{R}$ zwischen 4,3 und 6,8 μm, $\overline{G}$ zwischen 1,12 und 2,42 μm und $\overline{R}_a$ zwischen 0,74 und 1,26 μm. Die vor dem Glühen nicht gereinigten Bleche haben mit Werten von $\overline{R}$ von 3,4 bis 6,8 μm, $\overline{G}$ von 1,19 bis 2,74 μm und $\overline{R}_a$ von 0,80 μm nahezu die gleiche Oberflächenrauheit. Die am gleichen Band im unverzinkten Zustand gemessenen Rauheitskennzahlen verteilen sich, wie die aus 60 Einzelmessungen ermittelte Häufigkeitsverteilung zeigt, annähernd gleichmäßig in Form einer Gaußschen Fehlerverteilungskurve um einen Mittelwert. In Abb. 2 sind als Beispiel diese Häufigkeitskurven für R, G und R_a für drei Bleche wiedergegeben. Durch das Verzinken verändern sich die Rauheitskennzahlen praktisch nicht, wie ein Vergleich der vor dem Verzinken und nach dem Abbeizen des Zinküberzuges gemessenen Werte zeigt. Abweichungen beider Werte voneinander liegen in allen Fällen innerhalb der Häufigkeitsverteilung. Dieser Befund wird deutlicher durch Abb. 3 veranschaulicht, in dem die nach dem Abbeizen des Zinküberzuges gemessenen Rauheitskennzahlen in Abhängigkeit von den vor dem Verzinken ermittelten Werten wiedergegeben ist. Man sieht, daß die Meßwerte um die 45°-Geraden gleicher Rauheitskennzahlen schwanken. Auch der Charakter der Oberflächenrauheit ändert sich beim Verzinken nicht. Die vor dem Verzinken und nach dem Abbeizen des Zinküberzuges aufgenommenen Profilschriebe der Oberfläche zeigen den gleichen Aufbau (Abb. 4). Die Ursache für diesen Befund dürfte

[5] D. H. ROWLAND: Trans. Amer. Soc. Met. 40 (1948), S. 983–1011.

Abb. 1a Glatter Zinküberzug, Gruppe 4

Abb. 1b Rauher Zinküberzug, Gruppe 3

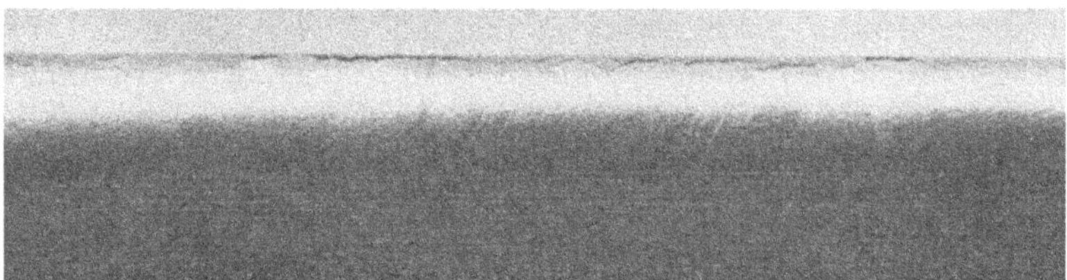

Abb. 1c Zinküberzug mit leichten Rissen, Gruppe 2

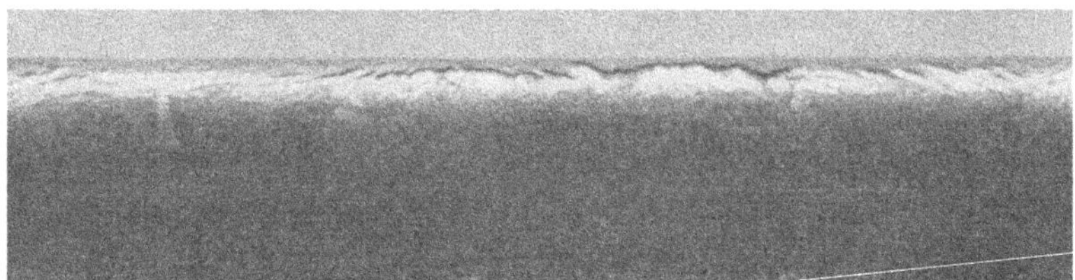

Abb. 1d Zinküberzug mit starken Rippen, Gruppe 1

Abb. 1e Zinküberzug blättert ab, Gruppe 0

Abb. 1a–e Aussehen der Falzproben der verschiedenen Gruppen

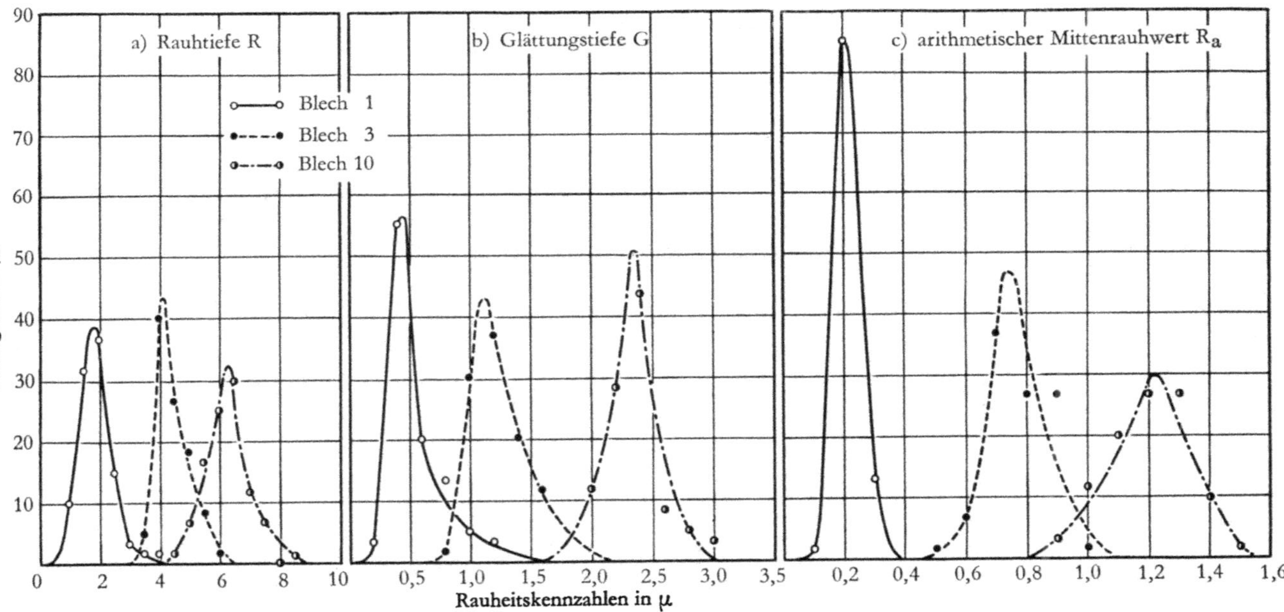

Abb. 2 Häufigkeitsverteilung der Rauhheitskennzahlen

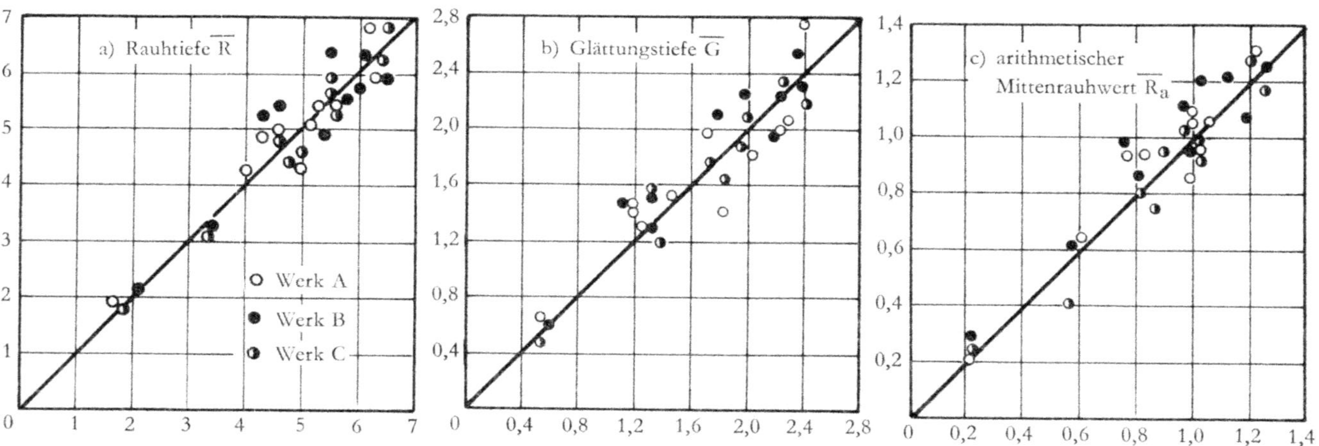

Abb. 3 Veränderung der Rauhheitskennzahlen beim Verzinken

darin zu suchen sein, daß die Tauchzeit der Bleche im Zinkbad sehr kurz war. Bei längeren Tauchzeiten dürfte sich die Oberflächenrauheit beim Verzinken dagegen durch das stärkere Wachstum der Eisen–Zink-Legierungsschichten etwas verändern.

Beim Verzinken traten in allen drei Werken bei keiner Blechgüte Fehlererscheinungen und Schwierigkeiten irgendwelcher Art auf. Lediglich einzelne der im Werk B absichtlich eine halbe Stunde lang gebeizten rekristallisierend geglühten Bleche zeigten stellenweise ein milchiggraues Aussehen. Bei genauerer Beobachtung konnten an diesen Stellen kleine Krater von beim Erstarren der Zinkschmelze aufgeplatzten Blasen festgestellt werden. Die Ausdehnung dieser milchiggrauen Stellen war bei den einzelnen noch länger gebeizten Blechen größer und die Erscheinung deutlicher sichtbar. Unterschiede im Verhalten der nicht gereinigten und der elektrolytisch gereinigten geglühten Bleche waren hierbei nicht festzustellen. Die Erscheinung ist daher eindeutig auf das absichtlich zu lange Beizen zurückzuführen. Es ist anzunehmen, daß das Auftreten dieser milchiggrauen Stellen auf eine stärkere Wasserstoffaufnahme infolge der längeren Säureeinwirkung auf das Blech beim Beizen zurückzuführen ist, die beim Verzinken auch noch nach dem Herausziehen des Bleches aus dem Zinkbad während des Erstarrens der Reinzinkschicht eine Wasserstoffabgabe zur Folge hat. Zunderfreie kaltgewalzte Bleche sollten daher möglichst kurz gebeizt werden, um diese Er-

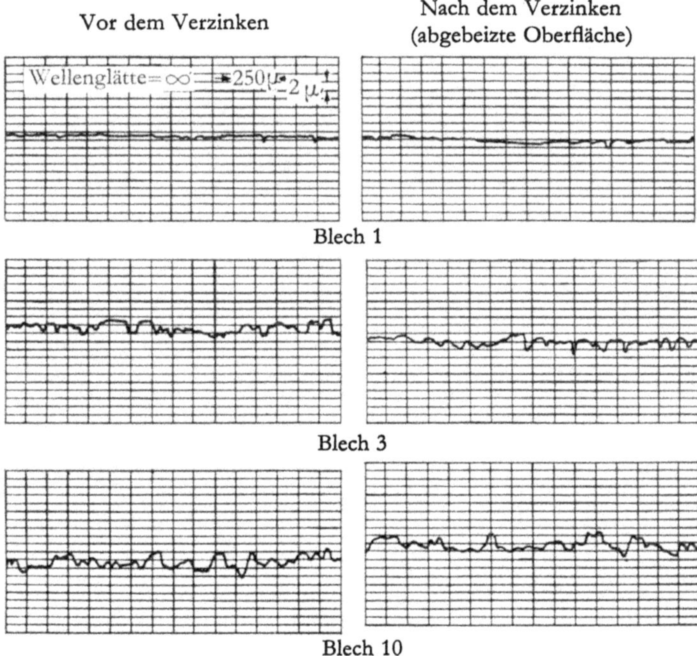

Abb. 4 Oberflächenprofilschriebe vor und nach dem Verzinken (gemessen an der abgebeizten Oberfläche)

Tab. 1 Glühbehandlung und Rauheitskennzahlen der verwendeten Bleche

Bleche	Glühbehandlung[1]	Rauheitskennzahlen in µm																	
		Werk A						Werk B						Werk C					
		Vor dem Verzinken			Nach dem Verzinken			Vor dem Verzinken			Nach dem Verzinken			Vor dem Verzinken			Nach dem Verzinken		
		R	G	R_a	R	G	R_a	R	G	R_a	R	G	R_a	R	G	R_a	R	G	R_a
1	a	1,7	0,53	0,21	1,9	0,64	0,20	2,1	0,60	0,23	2,1	0,60	0,29	1,8	0,53	0,23	1,8	0,47	0,25
2	a	4,0	1,45	0,61	4,2	1,51	0,64	3,4	1,31	0,58	3,3	1,28	0,61	3,3	1,26	0,57	3,1	1,29	0,41
3	b	4,3	1,18	0,77	4,8	1,45	0,94	4,3	1,12	0,74	5,2	1,46	0,98	4,8	1,39	0,87	4,4	1,19	0,74
4	b	5,6	2,23	1,02	5,4	1,99	0,96	5,4	2,18	1,00	4,9	1,95	0,96	5,6	2,00	1,02	5,3	2,07	0,99
5	b	5,2	2,04	1,06	5,1	1,81	1,06	6,5	2,28	1,26	5,9	2,29	1,25	6,5	2,42	1,26	6,8	2,18	1,17
6	c	4,6	1,19	0,83	4,3	1,40	0,94	4,6	1,32	0,81	5,4	1,51	0,86	4,5	1,32	0,82	4,9	1,54	0,80
7	c	5,3	1,71	0,99	5,4	1,97	1,09	5,5	1,89	1,03	6,3	2,10	1,20	5,0	1,73	0,97	4,6	1,74	1,03
8	c	4,9	1,83	0,99	4,3	1,40	0,86	5,8	2,22	1,12	5,5	2,23	1,21	5,5	1,84	1,03	5,9	1,64	0,92
9	c	5,6	2,04	1,00	5,4	1,81	1,05	6,0	1,98	0,97	5,7	2,24	1,11	5,5	1,95	0,90	5,6	1,87	0,95
10	c	6,2	2,39	1,22	6,8	2,74	1,30	6,1	2,34	1,19	6,4	2,52	1,07	6,4	2,26	1,21	6,2	2,31	1,27

[1] a normalgeglüht; b elektrolytisch gereinigt, rekristallisierend geglüht; c nicht gereinigt, rekristallisierend geglüht

scheinung zu vermeiden. Die lediglich das Aussehen der verzinkten Bleche bestimmenden Zinkblumen waren bei den im Werk A verzinkten Blechen bei allen Güten annähernd gleich ausgebildet. Bei den Blechen, die in den Werken B und C verzinkt wurden, waren die Zinkblumen auf den normalgeglühten Blechen dagegen im allgemeinen etwas größer als auf den rekristallisierend geglühten; eine Beobachtung, die mit sonstigen Betriebserfahrungen übereinstimmt.

Die Zinkauflage der im Werk A verzinkten Bleche lag zwischen 520 und 540 g/m² doppelseitig, die der im Werk B verzinkten Bleche lag zwischen 337 und 353 g/m² doppelseitig und die der im Werk C verzinkten Bleche zwischen 395 und 415 g/m² doppelseitig. Die für diese Versuchsreihe absichtlich gewünschten unterschiedlichen Zinkauflagen bei den in den drei Werken verzinkten Blechen wurden also gut eingehalten. In Abb. 5 ist die Zinkauflage der Bleche in Abhängigkeit von den Rauheitskennzahlen aufgetragen. Man sieht, daß sie in allen drei Fällen mit zunehmender Oberflächenrauheit ansteigt. Diese Zunahme ist in allen drei Werken gleich groß, wie der parallele Verlauf der Geraden anzeigt. Es liegt also hier eindeutig ein Einfluß der Oberflächenrauheit und nicht etwa ein Einfluß der Verzinkungsbedingungen vor, die in allen drei Werken verschieden waren. Die Unterschiede der Verzinkungsbedingungen, vor allem die Zinkbadtemperatur, der Aluminiumgehalt und die Ausziehgeschwindigkeit, wirken sich nur in der gewünschten ungefähren Lage der Zinkauflage aus. Die Gütebehandlung der Bleche, ob normalgeglüht oder rekristallisierend geglüht, und auch eine elektrolytische Reinigung der Bleche vor dem Glühen scheint sich dagegen nicht auf die Höhe der Zinkauflage auszuwirken, da alle Meßpunkte in einem gemeinsamen Streubereich liegen.

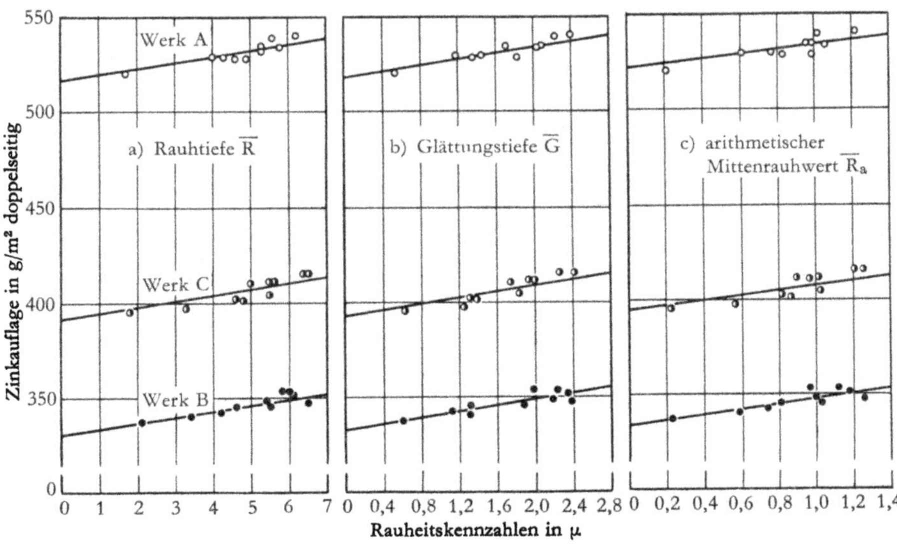

Abb. 5 Abhängigkeit der Zinkauflage von den Rauheitskennzahlen

Die Haftfestigkeit der Zinküberzüge wird mit zunehmender Oberflächenrauheit wesentlich besser, wie es die Beurteilung der Falzproben zeigt (Abb. 6). Bei sehr glatten Blechen blättert der Zinküberzug in allen Fällen teilweise ab oder zeigt starke Risse nach dem Falzen (Beurteilungsgruppen 0 und 1). Mit zunehmender Rauheit der Blechoberfläche treten nur noch leichte Risse beim Falzen auf (Beurteilungsgruppe 2), und bei noch größeren Oberflächenrauheiten zeigt der Zinküberzug nach dem Falzen nur noch eine leicht aufgerauhte Oberfläche oder bleibt glatt (Beurteilungsgruppen 3 und 4). Im ganzen gesehen ist die Haftfestigkeit des Zinküberzuges bei geringeren Zinkauflagen besser als bei stärkeren; so ist sie bei den im Werk B verzinkten Blechen am besten, bei den im Werk C verzinkten etwas schlechter und bei den im Werk A verzinkten Blechen mit der beabsichtigten außerordentlich hohen Zinkauflage noch schlechter. Ein ähnliches Ergebnis wurde schon bei den Untersuchungen über die Haftfestigkeit von Zinküberzügen auf Drähten gefunden, wo die Haftfestigkeit ebenfalls mit steigender Zinkauflage schlechter wurde[2,3]. Wieweit sich neben der Gesamtdicke des Zinküberzuges auch noch die Ausbildung der Eisen–Zink-Legierungsschicht auf die Haftfestigkeit auswirkt, kann aus diesen Versuchsergebnissen nicht entnommen werden. Der etwas unterschiedliche Verlauf der Abhängigkeit deutet aber auf einen gewissen Einfluß hin. Die Art der Glühbehandlung des Bleches vor dem Verzinken und ein Reinigen vor dem Glühen scheint sich dagegen weniger auf die Haftfestigkeit des Zinküberzuges auszuwirken; alle Beurteilungen der Falzproben der Bleche mit verschiedener Glühbehandlung liegen in einem gemeinsamen Bereich.

Auch bei der Erichsenprüfung stellte sich heraus, daß die Haftfestigkeit des Zinküberzuges beim Tiefziehen mit zunehmender Oberflächenrauheit verbessert wird. In Abb. 7 ist das Verhältnis der Erichsentiefe, bei der ein Abblättern oderdeutliches Einreißen des Zinküberzuges eintritt, zur Erichsentiefe, bei der das Blech aufreißt, in Abhängigkeit vom arithmetischen Mittenrauhwert R_a aufgetragen. Ebenso wie die Beurteilung der Falzproben nimmt auch das Verhältnis der Erichsentiefe in Form einer S-Kurve mit steigender Rauheit der Blechoberfläche zu. Auch hier wird das Verhältnis der Erichsentiefe, bei dem eine sichtbare Beschädigung des Zinküberzuges erst beim Bruch des Bleches eintritt, bei den im Werk B verzinkten Blechen mit der kleinsten Zinkauflage schon bei geringeren Oberflächenrauhheiten erreicht als bei den in den Werken A und C verzinkten Blechen mit dickeren Überzügen. Der verschiedenartige Verlauf der Kurven deutet auf einen stärkeren Einfluß der Ausbildung der Eisen–Zink-Legierungsschichten hin. Die Glühbehandlung der Bleche und eine elektrolytische Reinigung der Bleche vor dem Glühen scheint hier aber ebenfalls keine wesentliche Rolle zu spielen, wie die Lage der Meßwerte zeigt, die alle um einen gemeinsamen Kurvenverlauf schwanken. In den Abb. 8a–d ist das Aussehen einiger Erichsenproben nach dem Ziehen bis zum Bruch des Bleches wiedergegeben. Bei einem sehr kleinen Verhältnis der Erichsentiefe ist der Zinküberzug nach dem Bruch des Bleches weitgehend abgeblättert oder zeigt sehr grobe Risse (Abb. 8d und c). Bei größeren Werten beobachtet man meistens nur eine leichte Rißbildung im Zinküberzug (Abb. 8b), und bei Verhältnissen sehr nahe dem Wert 1 ist der Zinküberzug beim Bruch des Bleches nur mehr oder weniger stark aufgerauht (Abb. 8a).

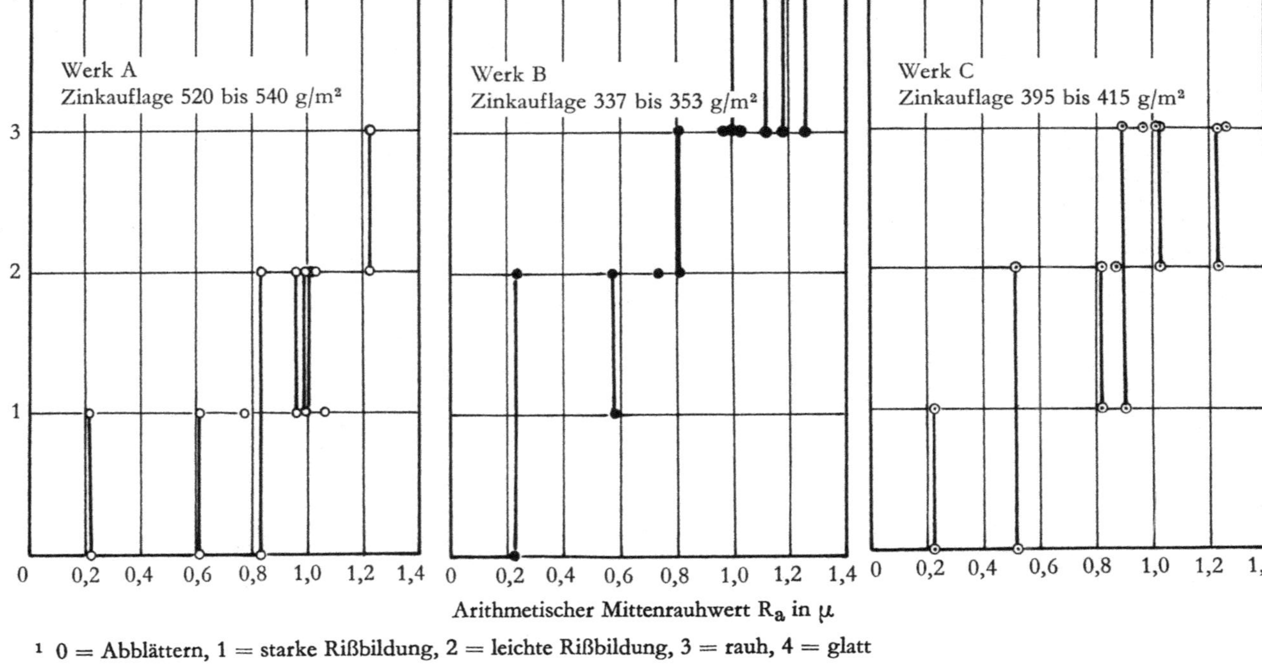

[1] 0 = Abblättern, 1 = starke Rißbildung, 2 = leichte Rißbildung, 3 = rauh, 4 = glatt

Abb. 6 Abhängigkeit der Falzformerprobe vom arithmetischen Mittenrauhwert

Die Zinküberzüge der im selben Werk verzinkten Bleche zeigen unabhängig von der Glühbehandlung der Bleche und ihrer Oberflächenrauheit den gleichen Aufbau. Geringfügige Unterschiede, wie sie vielleicht andeutungsweise in den Abb. 9a–i erkennbar sind, finden sich auch an verschiedenen Stellen des gleichen Bleches. In allen Fällen beobachtet man eine am Eisen haftende mehr oder weniger dicke Eisen–Zink-Legierungsschicht mit der darüber liegenden Reinzinkschicht. Bei den in Werk A verzinkten Blechen ist die Legierungsschicht besonders dünn (Abb. 9a–c). Da der Aluminiumgehalt des Zinkbades in diesem Fall verhältnismäßig niedrig war, muß angenommen werden, daß die Ursache hierfür in erster Linie bei der tiefen Zinkbadtemperatur und bei der durch die hohe Ausziehgeschwindigkeit bedingt kurzen Tauchzeit zu suchen ist, die dazu führt, daß die Hemmwirkung des vorhandenen Aluminiums auf die Bildung und das Wachstum der Eisen–Zink-Legierungsschichten noch ausgereicht hat, eine stärkere Legie-

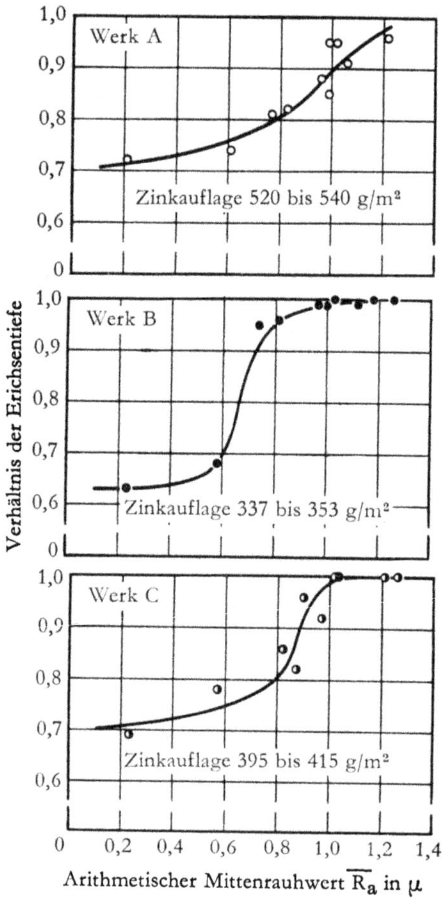

Abb. 7 Oberflächenrauheit und Erichsentiefe

Abb. 8a Rauher Zinküberzug

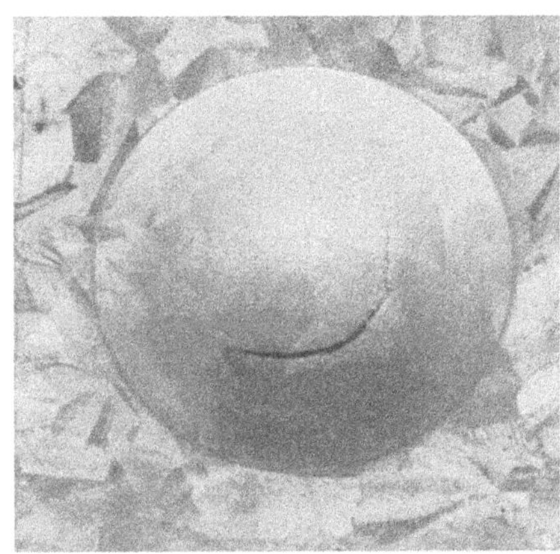

Abb. 8b Zinküberzug mit leichten Rissen

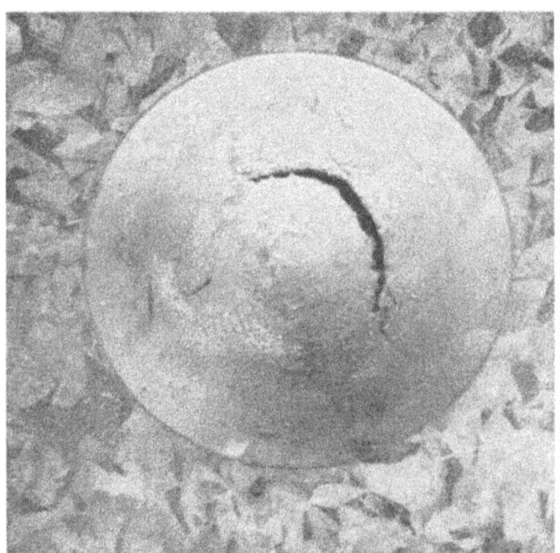

Abb. 8c Zinküberzug mit starken Rissen

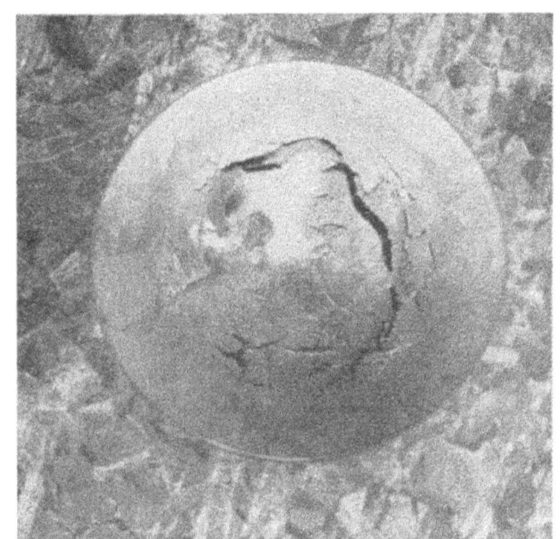

Abb. 8d Zinküberzug blättert ab

Abb. 8a–d Aussehen der Erichsenproben (1,5:1)

rungsschichtenbildung zu unterdrücken, da die Dauer dieser Hemmwirkung sehr stark von diesen beiden Einflußgrößen abhängt[6]. Die Reinzinkschicht ist hier infolge der großen Ausziehgeschwindigkeit und der niedrigeren Zinkbadtemperatur besonders dick. Bei den im Werk B verzinkten Blechen ist die Eisen–Zink-Legierungsschicht trotz des höheren Aluminiumgehaltes des Zinkbades dieses Werkes etwas stärker ausgeprägt (Abb. 9d–f); eine Erscheinung, die durch die *höhere Zinkbadtemperatur* und die längere Tauchzeit bedingt sein dürfte. Die Rein-

[6] D. Horstmann: Arch. Eisenhüttenw. 27 (1956), S. 297–302.

Abb. 9a Blech 1

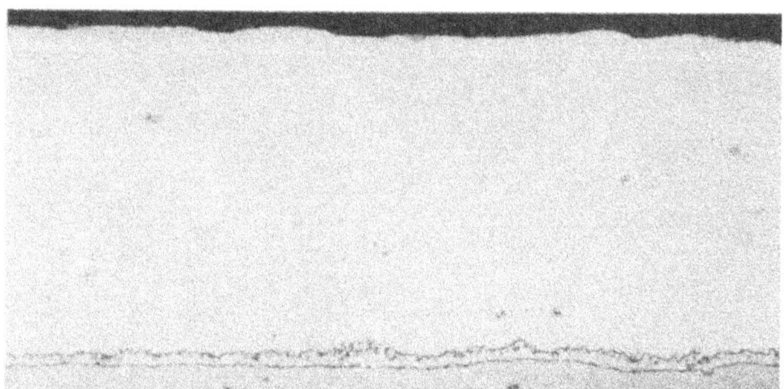

Abb. 9b Blech 3

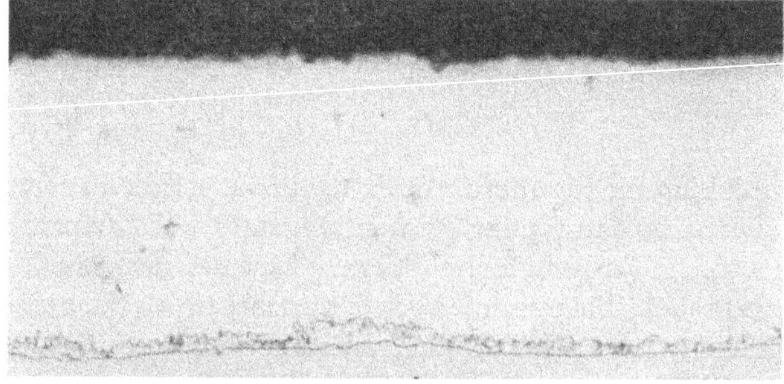

Abb. 9c Blech 10

Abb. 9a–c Gefüge der Zinküberzüge der im Werk A verzinkten Bleche (500:1)

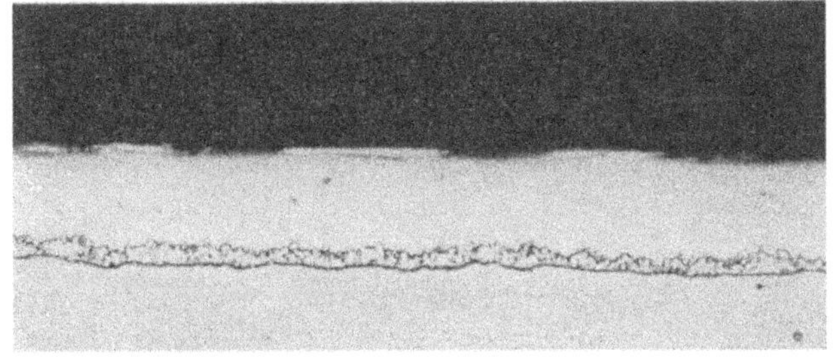

Abb. 9d Blech 1

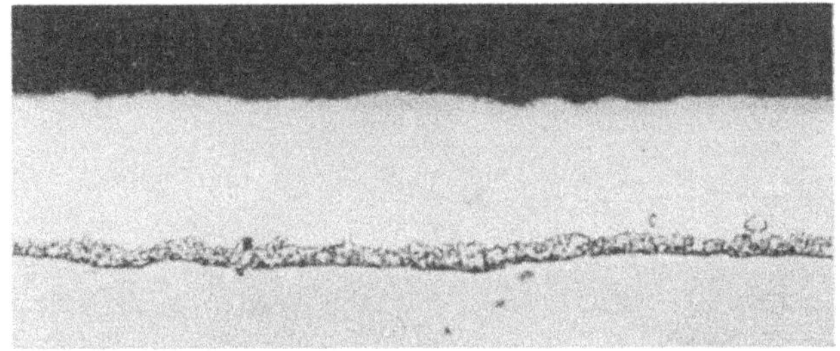

Abb. 9e Blech 3

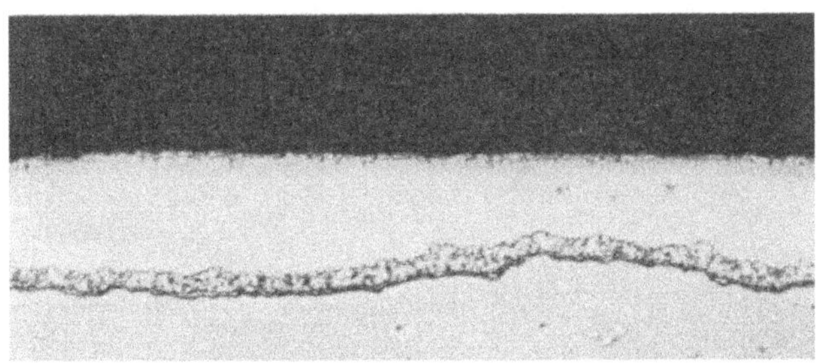

Abb. 9f Blech 10

Abb. 9d–f Gefüge der Zinküberzüge der im Werk B verzinkten Bleche (500:1)

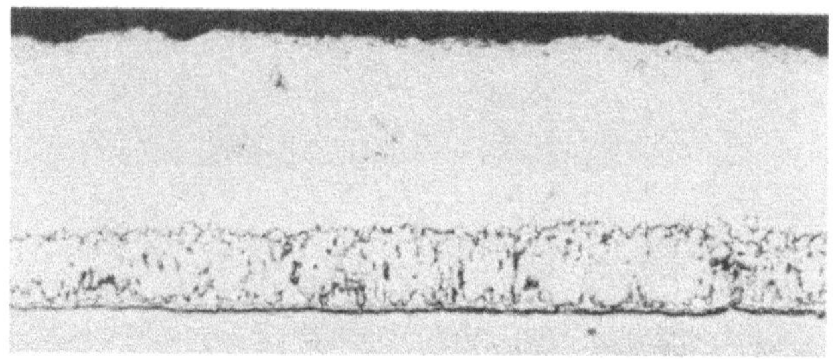

Abb. 9g Blech 1

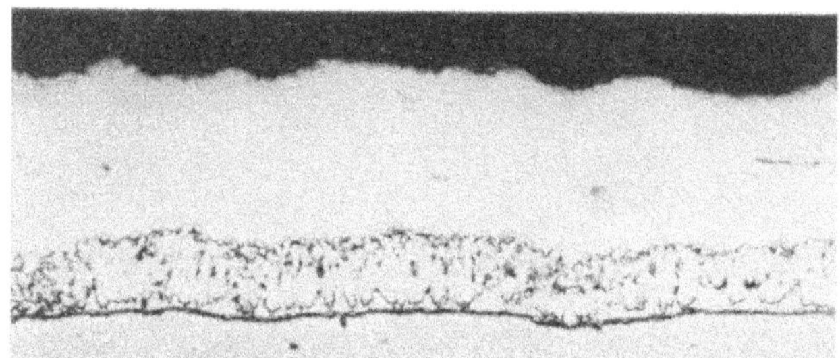

Abb. 9h Blech 3

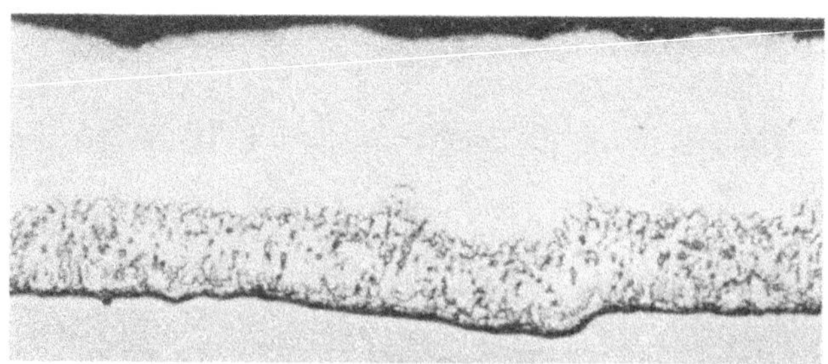

Abb. 9i Blech 10

Abb. 9g–i Gefüge der Zinküberzüge der im Werk C verzinkten Bleche (500:1)

zinkschicht ist bei diesen Blechen infolge der langsameren Ausziehgeschwindigkeit wesentlich dünner als bei den Blechen des *Werkes A*. Die stärkste Legierungsschichtenbildung beobachtet man bei den Blechen des Werkes C (Abb. 9g–i). Hier war der Aluminiumgehalt des Zinkbades fast genauso niedrig wie bei dem des Werkes A, die Badtemperatur jedoch höher und die Tauchzeit der Bleche länger, so daß sich dieses stärkere Wachstum aus dem Zusammenwirken dieser drei Einflußgrößen erklärt. Die Reinzinkschicht ist hier nur etwas dicker als bei den Blechen des Werkes B. Die höhere Zinkauflage dieser Bleche gegenüber denen des Werkes B ist also hauptsächlich auf die dickere Legierungsschicht zurückzuführen.

Zusammenfassung

Untersuchungen über den Einfluß der Glühbehandlungen und der Oberflächenrauheit von kaltgewalzten Blechen beim Verzinken haben ergeben, daß die Art der Glühbehandlung, ob normalgeglüht oder rekristallisierend geglüht, praktisch keine Wirkung auf die Verzinkungsfähigkeit ausübt. Auch eine elektrolytische Reinigung der Bleche vor dem Glühen brachte keine Vorteile. Dagegen wird die Zinkauflage bei gleichen Verzinkungsbedingungen mit zunehmender Oberflächenrauheit des Bleches etwas größer und die Haftfestigkeit des Zinküberzuges wesentlich verbessert. Kaltgewalzte Bleche für Verzinkungszwecke sollten daher nach Möglichkeit eine gewisse Oberflächenrauheit aufweisen, um eine genügend gute Falzfähigkeit des Zinküberzuges zu gewährleisten. Der Aufbau des Zinküberzuges und die Ausbildung der Eisen–Zink-Legierungsschicht hängt in erster Linie von den Verzinkungsbedingungen ab. Glühbehandlung und Oberflächenrauheit des Bleches sind hierbei praktisch ohne Einfluß.

Dr. rer. nat. Dietrich Horstmann
Dipl.-Ing. Ulrich Krause

FORSCHUNGSBERICHTE DES LANDES NORDRHEIN-WESTFALEN

Herausgegeben im Auftrage des Ministerpräsidenten Dr. Franz Meyers
von Staatssekretär Prof. Dr. h. c. Dr.-Ing. E. h. Leo Brandt

EISENVERARBEITENDE INDUSTRIE

HEFT 39
Forschungsgesellschaft Blechverarbeitung e. V., Düsseldorf
Aus den Arbeiten des Instituts für Werkzeugmaschinen an der Technischen Hochschule Hannover
Untersuchungen an prägegemusterten und vorgelochten Blechen
1953. 40 Seiten, 34 Abb. DM 9,50

HEFT 43
Forschungsgesellschaft Blechverarbeitung e. V., Düsseldorf
Forschungsergebnisse über das Beizen von Blechen
1953. 41 Seiten, 38 Abb., 3 Tabellen. Vergriffen

HEFT 51
Verein zur Förderung von Forschungs- und Entwicklungsarbeiten in der Werkzeugindustrie e. V., Remscheid
Untersuchungen an Kreissägeblättern für Holz, Fehler- und Spannungsprüfverfahren
1953. 39 Seiten, 23 Abb. DM 10,—

HEFT 56
Forschungsgesellschaft Blechverarbeitung e. V., Düsseldorf
Untersuchungen über einige Probleme der Behandlung von Blechoberflächen
1953. 41 Seiten, 42 Abb. DM 11,20

HEFT 60
Forschungsgesellschaft Blechverarbeitung e. V., Düsseldorf
Untersuchungen über das Spritzlackieren im elektrostatischen Hochspannungsfeld
1954. 82 Seiten, 53 Abb., 7 Tabellen. Vergriffen

HEFT 61
Verein zur Förderung von Forschungs- und Entwicklungsarbeiten in der Werkzeugindustrie e. V., Remscheid
Schwingungs- und Arbeitsverhalten von Kreissägeblättern für Holz I
1953. 43 Seiten, 31 Abb. DM 11,40

HEFT 65
Fachverband Schneidwarenindustrie, Solingen
Untersuchungen über das elektrolytische Polieren von Tafelmesserklingen aus rostfreiem Stahl
1954. 79 Seiten, zahlreiche Abb., 9 Tabellen. DM 17,35

HEFT 87
Gemeinschaftsausschuß Verzinken, Düsseldorf
Untersuchungen über Güte von Verzinkungen
1954. 56 Seiten, 56 Abb., 3 Tabellen. Vergriffen

HEFT 98
Fachverband Gesenkschmieden, Hagen
Die Arbeitsgenauigkeit beim Gesenkschmieden unter Hämmern
1954. 117 Seiten, 55 Abb., 9 Tabellen. DM 24,75

HEFT 116
Prof. Dr.-Ing. E. Siebel und Dr.-Ing. Helmut Weiss, Stuttgart
Untersuchungen an einigen Problemen des Tiefziehens — I. Teil
1955. 59 Seiten, 50 Abb., 6 Tabellen. DM 14,50

HEFT 117
Dr.-Ing. H. Beißwänger, Stuttgart und Dr.-Ing. S. Schwandt, Trier
Untersuchungen an einigen Problemen des Tiefziehens — II. Teil
1954. 77 Seiten, 34 Abb., 8 Tabellen. DM 17,70

HEFT 150
Prof. Dr.-Ing. Otto Kienzle und Dipl.-Ing. F. Wilhelm Timmerbeil, Hannover
Das Durchziehen enger Kragen an ebenen Fein- und Mittelblechen
1955. 39 Seiten, 20 Abb., 8 Tabellen. DM 11,30

HEFT 177
Dipl.-Ing. Hans Stüdemann, Solingen und Dr.-Ing. W. Müchler, Essen
Entwicklung eines Verfahrens zur zahlenmäßigen Bestimmung der Schneideigenschaften von Messerklingen
1956. 92 Seiten, 68 Abb., 4 Tabellen. DM 22,20

HEFT 224
Dipl.-Ing. Hans Stüdemann und Ing. R. Beu, Forschungsinstitut für die Schneidwarenindustrie an der Fachschule für Metallgestaltung und Metalltechnik, Solingen
Verfahren zur Prüfung der Korrosionsbeständigkeit von Messerklingen aus rostfreiem Stahl
1956. 82 Seiten, 28 Abb. DM 16,90

HEFT 225
Dr.-Ing. Eginhard Barz, Remscheid
Der Spannungszustand von Gattersägeblättern
1956. 63 Seiten, 54 Abb. DM 16,50

HEFT 277
Dr.-Ing. W. Müchler, Forschungsinstitut für Metallgestaltung und Metalltechnik, Solingen
Direktor: Dipl.-Ing. Hans Stüdemann
Untersuchung und zahlenmäßige Bestimmung der Schneideigenschaften von Messern mit besonderer Berücksichtigung rostfreier Messerstähle
1956. 47 Seiten, 27 Abb., 5 Tabellen. DM 13,20

HEFT 283
Prof. Dr. phil. Franz Wever und
Dr.-Ing. Werner Lueg, Max-Planck-Institut für Eisenforschung, Düsseldorf
Warmstauchversuche zur Ermittlung der Formänderungsfestigkeit von Gesenkschmiede-Stählen
1956. 31 Seiten, 19 Abb. DM 9,90

HEFT 285
Prof. Dr.-Ing. Otto Kienzle, Dr.-Ing. Kurt Lange und Dipl.-Ing. Helmut Meinert, Institut für Werkzeugmaschinen und Umformtechnik der Technischen Hochschule Hannover
Einfluß der Oberfläche auf das Verschleißverhalten von Schmiedegesenken
1956. 50 Seiten, 29 Abb., 8 Tabellen. DM 14,60

HEFT 286
Dr.-Ing. Kurt Lange, Dipl.-Ing. Helmut Meinert, unter Mitarbeit von Dr.-Ing. Heinz Arend, Institut für Werkzeugmaschinen und Umformtechnik der Technischen Hochschule Hannover
Verschleißverhalten hartverchromter Schmiedegesenke
1956. 62 Seiten, 53 Abb., 6 Tabellen. DM 17,65

HEFT 321
Prof. Dr. phil. Franz Wever und
Dr. phil. Wolfgang Wepner, Max-Planck-Institut für Eisenforschung, Düsseldorf
Gleichzeitige Bestimmung kleiner Kohlenstoff- und Stickstoffgehalte im α-Eisen durch Dämpfungsmessung
1956. 17 Seiten, 4 Abb., 3 Tabellen. DM 6,80

HEFT 322
Prof. Dr.-Ing. Franz Bollenrath und
Dipl.-Ing. Wilhelm Domke, Aachen
Eigenspannungen in vergüteten, dickwandigen Stahlzylindern nach Oberflächenhärtung mit induktiver Erwärmung
1956. 17 Seiten, 9 Abb., 2 Tabellen. DM 6,90

HEFT 360
Dr.-Ing. Eginhard Barz, Remscheid
Fertigungsverfahren und Spannungsverlauf bei Kreissägeblättern für Holz
1957. 68 Seiten, 40 Abb., DM 17,—

HEFT 367
Dr. rer. nat. Dietrich Horstmann, Max-Planck-Institut für Eisenforschung und Gemeinschaftsausschuß Verzinken, Düsseldorf
Der Angriff eisengesättigter Zinkschmelzen auf kohlenstoff-, schwefel- und phosphorhaltiges Eisen
1957. 42 Seiten, 22 Abb., 6 Tabellen. DM 12,85

HEFT 375
Technischer Überwachungs-Verein e. V., Essen
Wanddickenmessungen mittels radioaktiver Strahlen und Zählrohrgerät
1958. 24 Seiten, 15 Abb. DM 9,55

HEFT 376
Technischer Überwachungs-Verein e. V., Essen
Wasserumlaufprobleme an Hochdruckkesseln
1958. 126 Seiten, 56 Abb., 8 Tabellen. DM 32,60

HEFT 377
Technischer Überwachungs-Verein e. V., Essen
Versuche an Wanderrostkesseln mit befeuchteter Verbrennungsluft
1958. 35 Seiten, 19 Abb., 2 Tabellen. DM 12,20

HEFT 395
Dipl.-Ing. Ludwig Hahn, Clausthal-Zellerfeld
Untersuchungen zur Frage des optimalen Bohrloch- und Patronendurchmessers
1957. 119 Seiten, 49 Abb., 19 Tabellen. DM 31,25

HEFT 445
Dr. Ing. Eginhard Barz, Remscheid
Fertigungs- und Prüfverfahren für Feilen
Vergriffen

HEFT 447
Prof. Dr.-Ing. Franz Bollenrath, Aachen
Dr.-Ing. H. Füllenbach, Seesen und
Dipl.-Ing. J. Schumacher
Entwicklung rationell arbeitender Spritzkabinen
1958. 44 Seiten, 26 Abb. Vergriffen

HEFT 473
Prof. Dr. phil. Franz Wever, Dr.-Ing. Werner Lueg und Dipl.-Ing. Paul Funke jr., Max-Planck-Institut für Eisenforschung, Düsseldorf
Versuche an einer hydraulischen 25-t-Stangenziehbank
1957. 22 Seiten, 11 Abb. DM 8,95

HEFT 557
Dr.-Ing. Hans Schiffers, Dipl.-Ing. Dieter Ammann, Dipl.-Ing. Erich Brugger und Dipl.-Ing. Rudolf Dicke, Gießerei-Institut der Rhein.-Westf. Technischen Hochschule Aachen
Härtbarkeit von Gußeisen mit Lamellen- und Kugelgraphit in Abhängigkeit von Zusammensetzung und Gefüge
1958. 29 Seiten, 24 Abb., 1 Tabelle. DM 11,—

HEFT 630
Prof. Dr. phil. Walter Koch und Dr. techn. Dipl.-Ing. Hanns Malissa, Max-Planck-Institut für Eisenforschung, Düsseldorf
Beiträge zur Spurenanalyse im Reinsteisen
1958. 25 Seiten, 8 Tabellen. DM 7,60

HEFT 639
Prof. Dr.-Ing. habil. Karl Krekeler, Dr.-Ing. Heinz Peukert und Dipl.-Ing. Otto Schwarz, Institut für Kunststoffverarbeitung an der Rhein.-Westf. Technischen Hochschule Aachen
Auswertung der in- und ausländischen Literatur auf dem Gebiete des Metallklebens
1958. 152 Seiten. Vergriffen

HEFT 655
Dr. rer. pol. A. Theodor Wuppermann, Prof. Dr.-Ing. M. Pfender und Reg.-Rat Dipl.-Ing. E. Amedick, Im Auftrage des Vereins Deutscher Eisenhüttenleute, Düsseldorf
Untersuchung des Einflusses von Oberflächenfehlern auf die Dauerhaltbarkeit von Kurbelwellen
1958. 48 Seiten, 101 Abb., 4 Tabellen. DM 10,—

HEFT 680
Prof. Dr. phil. Walter Koch, Dr.-Ing. Angelika Schrader, Dr.-Ing. habil. Alfred Krisch und Dipl.-Phys. Helmut Rohde, Max-Planck-Institut für Eisenforschung, Düsseldorf
Änderungen im Gefügeaufbau austenitischer Chrom-Nickel-Stähle bei Zeitstandversuchen von mehrjähriger Dauer
1959. 37 Seiten, 23 Abb., 5 Tabellen. DM 12,20

HEFT 681
Prof. Dr.-Ing. Dr.-Ing. E. h. Hermann Schenk und Dr.-Ing. Werner Wenzel, Institut für Eisenhüttenwesen der Rhein.-Westf. Technischen Hochschule Aachen
Die Reduktion von Eisenerzen im Elektro-Fließbett
1959. 76 Seiten, 20 Abb., 12 Tabellen. DM 19,60

HEFT 693
Prof. Dr.-Ing. Otto Kienzle, Dr.-Ing. Friedrich Wilhelm Timmerbeil und Dr.-Ing. Thomas Jordan, Hannover
Einige Untersuchungen über das Schneiden von Blechen
1959. 55 Seiten, 54 Abb., 3 Tabellen. DM 17,40

HEFT 702
Prof. Dr. phil. Walter Koch und Dipl.-Phys. Dr. rer. nat. Hans Lüdering, Max-Planck-Institut für Eisenforschung, Düsseldorf
Statistische Auswertung von Thomasroheisenproben guter und schlechter Verblasbarkeit
1959. 20 Seiten, 3 Abb., 3 Tabellen. DM 6,50

HEFT 703
Prof. Dr. phil. Walter Koch und Dipl.-Phys. Dr. phil. Heinz Sundermann, Max-Planck-Institut für Eisenforschung, Düsseldorf
Isolierungstechnische Untersuchungen an Thomasroheisen
1959. 28 Seiten, 16 Abb., 1 Tabelle. DM 9,—

HEFT 705
Dr.-Ing. Karl Ernst Mayer, Dr.-Ing. Helmut Knüppel, Ing. Arthur Stumpf, Dortmund-Hörder-Hüttenunion AG., Dortmund, und Prof. Dr. phil. Walter Koch, Max-Planck-Institut für Eisenforschung, Düsseldorf
Wege zur automatischen Überwachung des Thomasverfahrens
1959. 56 Seiten, 20 Abb., 7 Tabellen. DM 14,80

HEFT 714
Prof. Dr.-Ing. Wilhelm Patterson, Gießerei-Institut der Rhein.-Westf. Technischen Hochschule Aachen
Wirkung einer Gasspülung auf den Magnesiumverbrauch bei der Herstellung von Gußeisen mit Kugelgraphit
1959. 44 Seiten, 35 Abb., 14 Tabellen. DM 13,40

HEFT 728
Dr.-Ing. Klaus Spies, Dortmund
Die Zwischenformen beim Gesenkschmieden und ihre Herstellung durch Formwalzen
1959. 113 Seiten, 61 Abb., 2 Tabellen. DM 29,60

HEFT 740
Dr. rer. nat. Dietrich Horstmann, Max-Planck-Institut für Eisenforschung und Gemeinschaftsausschuß Verzinken, Düsseldorf
Einfluß einiger Eisen- und Zinkbegleiter auf Größe und Art des Zinkangriffs auf Eisen
1959. 38 Seiten, 22 Abb., 1 Tabelle. DM 12,60

HEFT 741
Dipl.-Ing. Hans Stüdemann, Dipl.-Ing. Fritz Esselborn und Ing. Hermann Hartmann, Forschungsinstitut an der Fachschule für Metallgestaltung und Metalltechnik, Solingen
Untersuchungen zur Prüfung der Korrosionsbeständigkeit rostbeständiger Besteckbleche aus Chromstahl
1959. 31 Seiten, 30 Abb., 4 Tabellen. DM 10,30

HEFT 742
Dr.-Ing. Eginhard Barz, Verein zur Förderung von Forschungs- und Entwicklungsarbeiten in der Werkzeugindustrie e. V., Remscheid
Schneideigenschaften von schneidenden Zangen und Prüfverfahren
1959. 66 Seiten, 40 Abb., 4 Tabellen. DM 18,40

HEFT 757
Dr.-Ing. Angelika Schrader und
Dr.-Ing. habil. Alfred Krisch, Max-Planck-Institut für Eisenforschung, Düsseldorf
Mikroskopische Beobachtungen von Ausscheidungen in austenitischen und ferritischen Stählen nach dem Kriechversuch
1959. 21 Seiten, 22 Abb., 1 Tabelle. DM 8,60

HEFT 780
Prof. Dr. phil. Franz Wever, Dr.-Ing. Werner Lueg und Dr.-Ing. Paul Funke, Max-Planck-Institut für Eisenforschung, Düsseldorf
Untersuchung von Walzölen und Walzölemulsionen im Kaltwalzversuch
1959. 68 Seiten, 28 Abb., mehr. Tabellen. DM 18,50

HEFT 781
Verein zur Förderung von Forschungs- und Entwicklungsarbeiten in der Werkzeugindustrie e. V., Remscheid
Verformungseinflüsse bei der Feilenherstellung
1959. 65 Seiten, 39 Abb. DM 20,—

HEFT 840
Prof. Dr. phil. Franz Wever,
Dr.-Ing. Hans-Günter Müller und
Dr.-Ing. Paul Funke, Max-Planck-Institut für Eisenforschung, Düsseldorf
Versuchsmäßige und rechnerische Bestimmung von Walzkraft und Drehmoment unter Einwirkung von Bandzugspannungen beim Kaltwalzen von Bandstahl
1960. 36 Seiten, 12 Abb., 3 Tafeln. DM 10,90

HEFT 841
Dr. rer. nat. Hubert Blanck, Max-Planck-Institut für Eisenforschung, Düsseldorf
Untersuchungen zur Kinetik des Martensitzerfalls
1960. 33 Seiten, 11 Abb., kart. DM 10,30

HEFT 848
Dipl.-Ing. Hans-Jochen Stöter, Institut für Werkzeugmaschinen und Umformtechnik der Technischen Hochschule Hannover
Untersuchung des Schmiedevorganges in Hammer und Presse, insbesondere hinsichtlich des Steigens
1960. 133 Seiten, 62 Abb., 8 Tabellen. DM 35,60

HEFT 889
Dr.-Ing. Werner Hufschmidt, Lehrstuhl für Heizung und Lüftung an der Rhein.-Westf. Technischen Hochschule Aachen
Die Eigenschaften von Rippenrohrluftkühlern im Arbeitsbereich der Klimaanlage
1960. 125 Seiten, 37 Abb. DM 33,30

HEFT 890
Dr.-Ing. Heinz Meyer, Institut für Werkzeugmaschinen und Umformtechnik, Technische Hochschule Hannover
Untersuchungen über den Umformvorgang in Waagerecht-Stauchmaschinen
1960. 75 Seiten, 61 Abb., 3 Tabellen. DM 21,90

HEFT 916
Dipl.-Ing. Hans-Joachim Crasemann, Forschungsstelle Blechbearbeitung am Institut für Werkzeugmaschinen und Umformtechnik der Technischen Hochschule Hannover
Direktor: Prof. Dr.-Ing. Dr.-Ing. E. h. Otto Kienzle
Der offene, kreuzende Scherschnitt an Blechen
1960. 138 Seiten, 66 Abb., 10 Tabellen. DM 40,70

HEFT 1000
Dipl.-Ing. Hartmut Tolkien, Institut für Werkzeugmaschinen und Umformtechnik der Technischen Hochschule Hannover
Direktor: Prof. Dr.-Ing. Dr.-Ing. E. h. Otto Kienzle
Schmierwirkungen in Schmiedegesenken
1961. 150 Seiten, 75 Abb., 2 Tabellen, 1 Anhang. DM 44,90

HEFT 1004
Dr.-Ing. Eginhard Barz, Verein zur Förderung von Forschungs- und Entwicklungsarbeiten in der Werkzeugindustrie e. V., Remscheid
Untersuchung von Schraubendrehern und Schraubenverbindungen
1961. 68 Seiten, 26 Abb., 12 Tabellen. DM 22,30

HEFT 1027
Dr.-Ing. Eginhard Barz, Verein zur Förderung von Forschungs- und Entwicklungsarbeiten in der Werkzeugindustrie e. V., Remscheid
Prüfung von Feilen
1961. 57 Seiten, 23 Abb., 7 Tabellen. DM 20,50

HEFT 1028
Dr.-Ing. Siegfried Stendorf, Verein zur Förderung von Forschungs- und Entwicklungsarbeiten in der Werkzeugindustrie e. V., Remscheid
Das Gleitstauchen von Schneidezähnen an Sägen für Holz
1961. 138 Seiten, 85 Abb., 9 Tabellen. DM 47,10

HEFT 1056
Dr.-Ing. Oskar Pawelski und Dr.-Ing. Werner Lueg †, Max-Planck-Institut für Eisenforschung, Düsseldorf
Der Spannungszustand beim Ziehen und Einstoßen von runden Stangen
1962. 106 Seiten, 35 Abb., 10 Tabellen. DM 33,60

HEFT 1089
Direktor Dipl.-Ing. Hans Stüdemann und
Dr.-Ing. Fritz Esselborn, Forschungsinstitut an der Fachschule für Metallgestaltung und Metalltechnik, Solingen
Untersuchungen über den Einfluß der Zusammensetzung und Gefügeausbildung auf das Härtungsverhalten des Stahles X 40 Cr 13
1962. 37 Seiten, 37 Abb., 8 Tabellen. DM 17,—

HEFT 1091
Dipl.-Ing. Kurt Buchmann, Forschungsgesellschaft Blechverarbeitung e. V., Düsseldorf
Beitrag zur Verschleißbeurteilung beim Schneiden von Stahlfeinblechen
1962. 126 Seiten, 77 Abb. DM 71,40

HEFT 1129
Prof. Dr.-Ing. Joseph Mathieu, Forschungsinstitut für Rationalisierung an der Rhein.-Westf. Technischen Hochschule, Aachen, im Auftrage des Fachverbandes Gesenkschmieden im Wirtschaftsverband Stahlverformung, Hagen
Richtwerte für eine Platzkostenrechnung in der Gesenkschmiedeindustrie
1963. 54 Seiten, 7 Tabellen, 52 Seiten tabellarischer Anhang. DM 63,30

HEFT 1140
Direktor Dipl.-Ing. Hans Stüdemann und Dipl.-Ing. Fritz Esselborn, Forschungsinstitut an der Fachschule für Metallgestaltung und Metalltechnik, Solingen
Einflüsse der Prüfbedingungen auf die Ergebnisse von Schneideigenschaftsprüfungen an Messern
1962. 33 Seiten, 24 Abb. DM 14,80

HEFT 1162
Prof. Dr.-Ing. Dr.-Ing. E. h. Otto Kienzle und Dipl.-Ing. Manfred Meyer, im Auftrage der Forschungsgesellschaft Blechverarbeitung e. V., Düsseldorf
Verfahren zur Erzielung glatter Schnittflächen beim vollkantigen Schneiden von Blech
1963. 114 Seiten, 71 Abb., 6 Tabellen. DM 60,40

HEFT 1164
Dr.-Ing. Eginhard Barz u. a., Verein zur Förderung von Forschungs- und Entwicklungsarbeiten in der Werkzeugindustrie e. V., Remscheid
Teil I: Arbeitsverhalten von scheibenförmigen Werkzeugen
Teil II: Schnittversuche von verleimten Holzwerkzeugen
1963. 90 Seiten, 16 Abb., 6 Tabellen. DM 44,80

HEFT 1171
Prof. Dr.-Ing., Dr.-Ing E. h. Otto Kienzle und Dipl.-Ing. Kurt Haverbeck, Hannover, im Auftrage der Forschungsgesellschaft Blechverarbeitung e. V., Düsseldorf
Das Herstellen von Außenborden an Blechteilen zwischen Stempel und Ring
1963. 96 Seiten, 58 Abb. DM 54,50

HEFT 1347
Dr. rer. nat. Dietrich Horstmann, Max-Planck-Institut für Eisenforschung und Gemeinschaftsausschuß Verzinken, Düsseldorf
Allgemeine Gesetzmäßigkeiten des Einflusses von Eisenbegleitern auf die Vorgänge beim Feuerverzinken
1964. 27 Seiten, 17 Abb. 2 Tabellen. DM 16,50

HEFT 1348
Prof. Dr.-Ing. Dr. h. c. Herwart Opitz, Dr.-Ing. Wilfried König und Dipl.-Ing. D. Neumann Laboratorium für Werkzeugmaschinen und Betriebslehre der Rhein.-Westf. Technischen Hochschule Aachen
Einfluß verschiedener Schmelzen auf die Zerspanbarkeit von Gesenkschmiedestücken
1964. 99 Seiten, 64 Abb., 12 Tabellen. DM 59,—

HEFT 1349
Dr.-Ing. Tin Ming Wu, Forschungsstelle Gesenkschmieden an der Technischen Hochschule Hannover
Untersuchungen über das Auftragsschweißen von Gesenken für Schmiedestücke aus Stahl
1964. 46 Seiten, 16 Abb., 14 Tabellen. DM 22,80

HEFT 1350
Prof. Dr. phil. Karl Löbberg, Dipl.-Ing. Klaus Röbrig und Dr.-Ing. Peter Sahm, Institut für Gießereikunde der Technischen Universität Berlin
Über die Keimbildung in unlegiertem Kupfer und unlegiertem Eisen
1964. 77 Seiten, 22 Abb., 6 Tabellen. DM 36,—

HEFT 1352
Direktor Dipl.-Ing. Hans Stüdemann und Dr.-Ing. Fritz Esselborn, Forschungsinstitut an der Fachschule für Metallgestaltung und Metalltechnik, Solingen
Die Ergebnisse von Schneideigenschaftsprüfungen an Messern unter Berücksichtigung des Einflusses der geometrischen Form des Messers und des Einflusses der Karbidverteilung und -größe im Werkstoff
1964. 39 Seiten, 48 Abb., 2 Tabellen. DM 21,—

HEFT 1353
Direktor Dipl.-Ing. Hans Stüdemann und Dr.-Ing. Fritz Esselborn, Forschungsinstitut an der Fachschule für Metallgestaltung und Metalltechnik, Solingen
Untersuchungen über den Einfluß unterschiedlicher Herstellungsverfahren auf die Qualität rostbeständiger Messer
1964. 48 Seiten, 53 Abb. DM 22,50

HEFT 1354
Direktor Dipl.-Ing. Hans Stüdemann und Dr.-Ing. Fritz Esselborn, Forschungsinstitut an der Fachschule für Metallgestaltung und Metalltechnik, Solingen
Untersuchungen über den Einfluß der Wärmebehandlung in Zusammenhang mit unterschiedlicher Herstellung auf die Eigenschaften von rostbeständigen Messern
1964. 33 Seiten, 42 Abb. DM 18,—

HEFT 1355
Dr.-Ing. habil. Alfred Krisch, Max-Planck-Institut für Eisenforschung, Düsseldorf
Kriechverhalten, Gefügeänderungen und Risse bei mehrjährigen Zeitstandversuchen
1964. 27 Seiten, 17 Abb., 6 Tabellen. DM 14,80

HEFT 1381
Dr.-Ing. Heinz Meyer-Nolkemper, Forschungsstelle Gesenkschmieden an der Technischen Hochschule Hannover
Im Auftrag des Fachverbandes Gesenkschmieden im Wirtschaftsverband Stahlverformung, Hagen
Dornen in Waagerecht-Stauchmaschinen
In Vorbereitung

HEFT 1395
Prof. Dr. rer. techn. Fritz Reutter, Institut für Geometrie und Praktische Mathematik der Rhein.-Westf. Technischen Hochschule Aachen und Dr. rer. nat. Dieter Haupt, Rechenzentrum der Rhein.-Westf. Technischen Hochschule Aachen
Untersuchungen auf dem Gebiete der praktischen Mathematik *In Vorbereitung*

HEFT 1413
Dr. ner. nat. Dietrich Horstmann und Dipl.-Ing. Ulrich Krause, Max-Planck-Institut für Eisenforschung und Gemeinschaftsausschuß Verzinken, Düsseldorf
Einfluß von Oberflächenrauhheit und Glühbehandlung auf die Güte verzinkter Bleche

HEFT 1421
Dr.-Ing. H. Füllenbach, H. Lange, H. Parthey und I. N. Stanski, Forschungsgesellschaft Blechverarbeitung e. V., Düsseldorf
Metallurgische und technologische Untersuchungen an Weichloten
In Vorbereitung

HEFT 1462
Prof. Dr.-Ing. Dr.-Ing. E. h. Otto Kienzle und Dr.-Ing. Helmut Zabel, Forschungsstelle Gesenkschmieden an der Technischen Hochschule Hannover
Zerteilen metallischer Stangen durch Abscheren
In Vorbereitung

HEFT 1486
Dr. rer. nat. Dietrich Horstmann, Max-Planck-Institut für Eisenforschung, Düsseldorf, im Auftrage des Gemeinschaftsausschusses Verzinken, Düsseldorf
Der Einfluß des Blechwerkstoffes und der Verzinkungsbedingungen auf die Eigenschaften verzinkter Bleche und Bänder
In Vorbereitung

HEFT 1504
Direktor Dipl.-Ing. Hans Stüdemann, Dipl.-Ing. Rolf Both und Ingenieur Ernst Lauterjung, Forschungsinstitut an der Fachschule für Metallgestaltung und Metalltechnik, Solingen
Entwicklung eines Prüfgerätes zur Messung des Schneidverhaltens feiner Messerschneiden, unter besonderer Berücksichtigung der Rasierklingen
In Vorbereitung

Verzeichnisse der Forschungsberichte aus folgenden Gebieten können beim Verlag angefordert werden: Acetylen/Schweißtechnik – Arbeitswissenschaft – Bau/Steine/Erden – Bergbau – Biologie – Chemie – Eisenverarbeitende Industrie – Elektrotechnik/Optik – Energiewirtschaft – Fahrzeugbau/Gasmotoren – Farbe/Papier/Photographie – Fertigung – Funktechnik/Astronomie – Gaswirtschaft – Holzbearbeitung – Hüttenwesen/Werkstoffkunde – Kunststoffe – Luftfahrt/Flugwissenschaften – Luftreinhaltung – Maschinenbau – Mathematik – Medizin/Pharmakologie/NE-Metalle – Physik – Rationalisierung – Schall/Ultraschall – Schiffahrt – Textiltechnik/Faserforschung/Wäschereiforschung – Turbinen – Verkehr – Wirtschaftswissenschaft.

WESTDEUTSCHER VERLAG · KÖLN UND OPLADEN
567 Opladen/Rhld., Ophovener Straße 1–3

GPSR Compliance
The European Union's (EU) General Product Safety Regulation (GPSR) is a set of rules that requires consumer products to be safe and our obligations to ensure this.

If you have any concerns about our products, you can contact us on

ProductSafety@springernature.com

In case Publisher is established outside the EU, the EU authorized representative is:

Springer Nature Customer Service Center GmbH
Europaplatz 3
69115 Heidelberg, Germany

www.ingramcontent.com/pod-product-compliance
Ingram Content Group UK Ltd.
Pitfield, Milton Keynes, MK11 3LW, UK
UKHW061700190726
13853UKWH00008B/2316